원리와 사고력이 가득한 퍼즐 퍼펙트리

맛있는

# 퍼펙 연산

S4
5~7세

## 20까지의 수의
## 덧셈과 뺄셈

# 수학의 언어, 수와 연산!

수와 연산은 수학 학습의 첫 걸음이며 가장 기본이 되는 영역입니다.
모든 수학의 영역에서 수와 연산은 개념을 표현하는 도구 뿐만이 아닌, 문제
해결의 도구이기도 합니다. 따라서 수학의 언어라고 할 수 있습니다.
언어를 제대로 구사하지 못한다면 생각을 제대로 표현하지 못하고, 의사소통과
상호작용에 문제가 생기게 됩니다. 수학의 언어도 이와 마찬가지로 연산의
기본이 제대로 훈련되지 않으면 정확하게 개념을 이해하기 힘들고, 문제 해결이
어려워지므로 더 높은 단계의 개념과 수학의 다양한 영역으로의 확장에 걸림
돌이 될 수 밖에 없습니다.
연산은 간단하고 가볍게 여겨질 수 있지만 앞으로 한 걸음씩 나아가는 발걸음에
큰 영향을 줄 수 있음을 꼭 기억해야 합니다.

# 피할 수 없다면, 재미있는 반복을!

유아에서 초등 저학년의 아이들이 집중할 수 있는 시간은 길지 않고, 새로운
자극에 예민하며 호기심은 높습니다. 하지만 연산 학습에서 피할 수 없는
부분은 반복 훈련입니다. 꾸준한 반복 훈련으로 아이들의 뇌에 연산의 원리
들이 체계적으로 자리를 잡으며 차근차근 다음 단계로 올라가는 것을 목표로
해야 하기 때문입니다.
따라서 피할 수 없다면 재미있는 반복을 통하여 즐거운 연산 훈련을 하도록
해야 합니다. 구체적인 상황과 예시, 다양한 방법을 통한 반복적인 연습을
통하여 기본기를 다지며 연산 원리를 적용할 수 있는 능력을 키울 수 있습니다.
상상만으로 암기하고, 기계적인 반복으로 주입하는 방식으로는 더이상 기본기를
탄탄히 다질 수 없습니다.

# 왜? 맛있는 퍼팩 연산 이어야 할까요!

## 확실한 원리 학습

문제를 풀면서 희미하게 알게 되는 원리가 아닌, 주제별 원리를 정확하게 배우고, 따라하고, 확장하는 과정을 통해 자연스럽게 개념을 이해하고 스스로 문제를 해결할 수 있습니다.

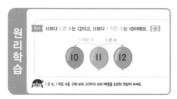

## 효과적인 반복 훈련의 구성

다양한 방법으로 충분히 원리를 이해한 후 재미있는 단계별 퍼즐을 스스로 해결함으로써 수학 학습에 대한 동기를 부여하여 규칙적으로 훈련하고자 하는 올바른 수학 학습 습관을 길러 줍니다.

**예시** S단계 4권 _ 2주차 : 더하기 1, 빼기 1

수의 순서를 이용하여
1 큰 수, 1 작은 수 구하기

빈칸 채우기

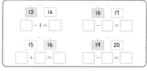

큰 수와 작은 수를 이용한
더하기, 빼기

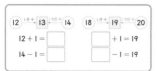

같은 수를 더하기와 빼기로 표현

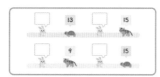

규칙을 이용하여 빈칸 채우기

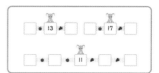

규칙을 이용하여 빈칸 채우기

창의·융합 활동을 이용한
더하기, 빼기

같은 계산 결과끼리
선 연결하기

드릴 연산

한 주의 주제를 구체물, 그림, 퍼즐 연산, 수식 등의 다양한 방법을 통하여 즐겁게 반복합니다.
원리를 충분히 활용하여 재미있게 구성한 퍼즐 연산은 각 퍼즐마다 사고력의 단계를 천천히 높여가므로
탄탄한 계산력이 다져지는 것과 함께 사고력도 키울 수 있습니다.

# 구성과 특징

**본문**
주별 학습 주제에 맞춰 1~3일차에는 원리 이해와 충분한 연습을 하고,
4~5일차에는 흥미 가득한 퍼즐 연산으로 사고력까지 키워요.

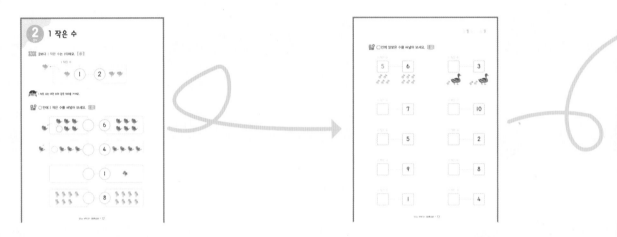

## 1 한눈에 쏙! 원리 연산

간결하고 쉽게 원리를 배우고
따라해 보면 쉽게 이해할 수 있어요.

## 2 이해 쑥쑥! 연산 연습

반복 연습을 통해 연산 원리에
대한 이해를 높일 수 있어요.

**부록**

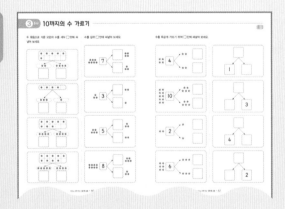

## 5 집중! 드릴 연산

주별 학습 주제를 복습할 수 있는 드릴 문제로
부족한 부분을 한 번 더 연습할 수 있어요.

## 이렇게 활용해 보세요!

### ● 하나

교재의 한 주차 내용을
학습한 후, 반복 학습용으로
활용합니다.

### ●● 둘

교재의 모든 내용을
학습한 후, 복습용으로
활용합니다.

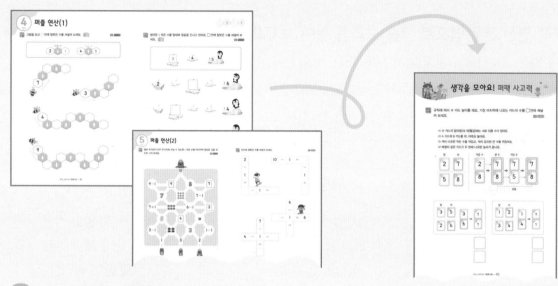

## 3 흥미 팡팡! 퍼즐 연산

다양한 형태의 문제를 재미있게 연습하며 원리를
적용하는 방법을 익히고 응용력을 키울 수 있어요.

＊퍼즐 연산의 각 문제에 표시된 추론, 문제해결, 의사소통, 정보처리,
창의·융합 은 초등수학 교과역량을 나타낸 것입니다.

## 4 생각을 모아요! 퍼팩 사고력

4주 동안 배운 내용을 활용하고
깊게 생각하는 문제를 통해서
성취감과 함께 한 단계 발전된
사고력을 키울 수 있어요.

## 좀 더 자세히 알고 싶을 땐,
## 동영상 강의를 활용해 보세요!

주차별 첫 페이지 상단의 QR코드를
스캔하면 무료 동영상 강의를 볼 수 있어요.
본문의 원리와 모든 문제를 알기 쉽고
친절하게 설명한 강의를 충분히 활용해 보세요.

# '맛있는 퍼팩 연산' APP 이렇게 이용해요.

## 1. 맛있는 퍼팩 연산 전용 앱으로 학습 효과를 높여 보세요.

맛있는 퍼팩 연산 교재만을 위한 앱에서 자동 채점, 보충 문제, 동영상 강의를 이용할 수 있습니다.

### 자동 채점

학습한 페이지를
핸드폰 또는 태블릿으로
촬영하면 자동으로
채점이 됩니다.

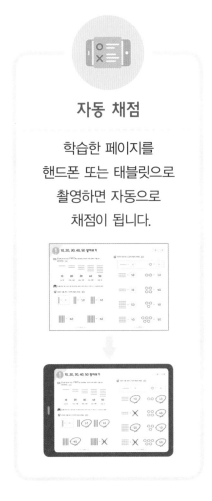

### 보충 문제

일차별 학습 완료 후
APP에서 보충 문제를 풀고,
정답을 입력하면
바로 채점 결과를
알 수 있습니다.

### 동영상 강의

좀 더 자세히 알고 싶은
내용은 원리 개념 설명
및 문제 풀이 동영상
강의를 통하여 완벽하게
이해할 수 있습니다.

## 2. 사용 방법

 구글 플레이스토어에서 **'맛있는 퍼팩 연산'** 앱 다운로드

 앱스토어에서 **'맛있는 퍼팩 연산'** 앱 다운로드

\* 앱 다운로드

Android        iOS

\* '맛있는 퍼팩 연산' 앱은 2022년 7월부터 체험이 가능합니다.

# 맛있는 퍼팩 연산 | 단계별 커리큘럼

\* 제시된 연령은 권장 연령이므로 학생의 학습 상황에 맞게 선택하여 사용할 수 있습니다.

## S단계 | 5~7세

| | | | |
|---|---|---|---|
| 1권 | 9까지의 수 | 4권 | 20까지의 수의 덧셈과 뺄셈 |
| 2권 | 10까지의 수의 덧셈 | 5권 | 30까지의 수의 덧셈과 뺄셈 |
| 3권 | 10까지의 수의 뺄셈 | 6권 | 40까지의 수의 덧셈과 뺄셈 |

## P단계 | 7세 · 초등 1학년

| | | | |
|---|---|---|---|
| 1권 | 50까지의 수 | 4권 | 뺄셈구구 |
| 2권 | 100까지의 수 | 5권 | 10의 덧셈과 뺄셈 |
| 3권 | 덧셈구구 | 6권 | 세 수의 덧셈과 뺄셈 |

## A단계 | 초등 1학년

| | | | |
|---|---|---|---|
| 1권 | 받아올림이 없는 (두 자리 수)+(두 자리 수) | 4권 | 받아올림과 받아내림 |
| 2권 | 받아내림이 없는 (두 자리 수)−(두 자리 수) | 5권 | 두 자리 수의 덧셈과 뺄셈 |
| 3권 | 두 자리 수의 덧셈과 뺄셈의 관계 | 6권 | 세 수의 덧셈과 뺄셈 |

## B단계 | 초등 2학년

| | | | |
|---|---|---|---|
| 1권 | 받아올림이 있는 두 자리 수의 덧셈 | 4권 | 세 자리 수의 뺄셈 |
| 2권 | 받아내림이 있는 두 자리 수의 뺄셈 | 5권 | 곱셈구구(1) |
| 3권 | 세 자리 수의 덧셈 | 6권 | 곱셈구구(2) |

## C단계 | 초등 3학년

| | | | |
|---|---|---|---|
| 1권 | (세 자리 수)×(한 자리 수) | 4권 | 나눗셈 |
| 2권 | (두 자리 수)×(두 자리 수) | 5권 | (두 자리 수)÷(한 자리 수) |
| 3권 | (세 자리 수)×(두 자리 수) | 6권 | (세 자리 수)÷(한 자리 수) |

# 차례

동영상 강의

맛있는 퍼팩 연산
S단계 4권

# 1 주차 20까지의 수 알아보기

1주차에서는 11부터 20까지의 수를 알아보고, 수의 순서를 배웁니다.
3권까지 배운 10까지의 수를 확장하여 20까지의 수의 순서를 익히며
수 체계의 기초를 다질 수 있습니다.

# 11~20 알아보기

 11부터 20까지의 수를 알아보아요.

| 11 | 12 | 13 | 14 | 15 |
|---|---|---|---|---|
| 십일, 열하나 | 십이, 열둘 | 십삼, 열셋 | 십사, 열넷 | 십오, 열다섯 |

| 16 | 17 | 18 | 19 | 20 |
|---|---|---|---|---|
| 십육, 열여섯 | 십칠, 열일곱 | 십팔, 열여덟 | 십구, 열아홉 | 이십, 스물 |

**12** 　　　　　　　　　　10개씩 묶음 1개와
　　　　　　　　　　　　　　낱개 2개를 12라고 합니다.

12를 '십둘' 또는 '열이'라고 읽지 않도록 주의해요.

 리본의 수를 세어 ☐ 안에 써넣어 보세요.

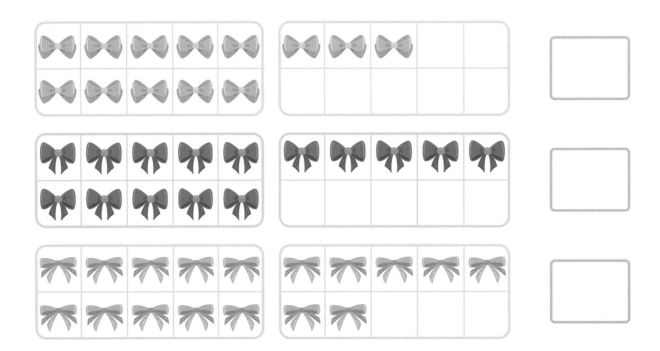

수를 세어 쓰고 바르게 읽은 것에 ◯ 해 보세요.

10개씩 묶어 보면 수를 쉽게 셀 수 있어!

| | 십오 | 십일 |
|---|---|---|

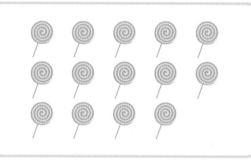

| | 열넷 | 십칠 |
|---|---|---|

| | 열둘 | 스물 |
|---|---|---|

| | 십육 | 이십 |
|---|---|---|

| | 열여덟 | 열아홉 |
|---|---|---|

# 11~20까지 수의 순서

2
일차

**원리** 11부터 20까지 수의 순서를 알아보아요.

| 11 | 12 | 13 | 14 | 15 | 16 | 17 | 18 | 19 | 20 |
|---|---|---|---|---|---|---|---|---|---|
| 십일 | 십이 | 십삼 | 십사 | 십오 | 십육 | 십칠 | 십팔 | 십구 | 이십 |

20까지의 수 배열표를 보고, 수의 순서에 맞게 빈칸에 알맞은 수를 써넣어 보세요.

| 1 | 2 | 3 | 4 | 5 | 6 | 7 | 8 | 9 | 10 |
|---|---|---|---|---|---|---|---|---|---|
| 11 | 12 | 13 | 14 | 15 | 16 | 17 | 18 | 19 | 20 |

| 7 |  |  |  |  |  |  |  |
|---|---|---|---|---|---|---|---|

| 10 |  |  |  |  |  |  |  |
|---|---|---|---|---|---|---|---|

| 12 |  |  |  |  |  |  |  |
|---|---|---|---|---|---|---|---|

수의 순서를 바르게 하여 ☐안에 써넣어 보세요.

| 15 | 6 | 11 | → | 6 | 11 | 15 |

| 14 | 18 | 9 | → | | | |

| 5 | 10 | 8 | → | | | |

| 7 | 16 | 11 | → | | | |

| 17 | 13 | 10 | → | | | |

| 12 | 10 | 14 | → | | | |

| 20 | 17 | 13 | → | | | |

# 3 일차 다음 수, 이전 수, 사이의 수

 **원리** 12 다음 수는 13이고, 14 이전 수는 13이에요.

다음 수, 이전 수, 사이의 수를 구해 보며 20까지의 수의 배열을 충분히 연습해 보세요.

  □안에 알맞은 수를 써넣어 보세요.

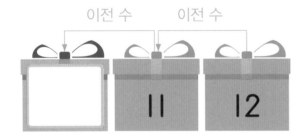

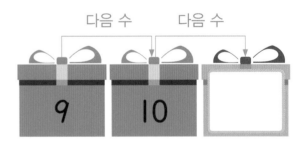

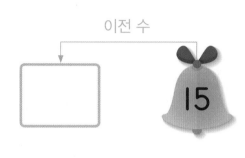 안에 알맞은 수를 써넣어 보세요.

이전 수
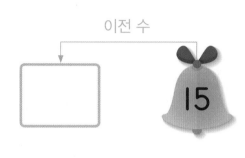

다음 수

다음 수

이전 수
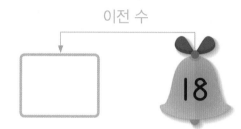

이전 수
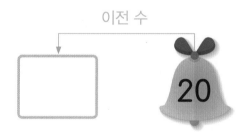

다음 수

사이의 수

사이의 수

사이의 수

사이의 수

# 4 일차 퍼즐 연산(1)

🔲 고래는 수의 순서대로 섬을 지나가요. ▢ 안에 알맞은 수를 써넣어 보세요.

추론

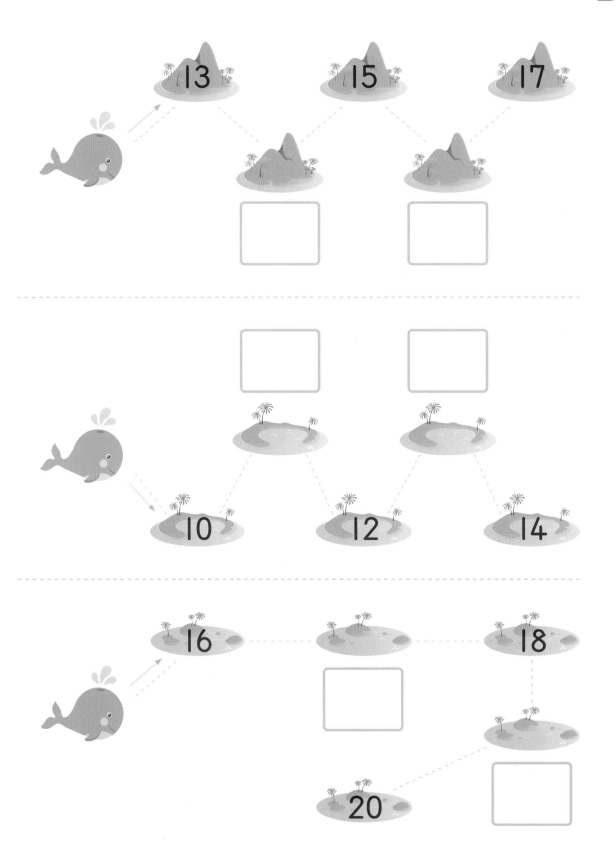

규칙에 따라 ☐ 안에 알맞은 수를 써넣어 보세요.

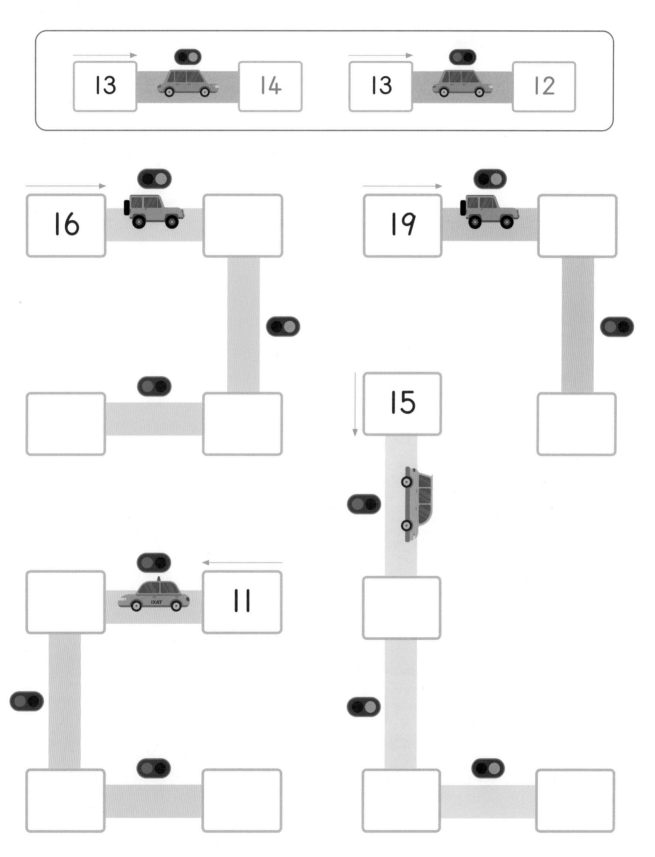

# 5 일차 퍼즐 연산(2)

빵의 수가 칠판에 쓰여 있는 수와 같아지도록 빵 붙임딱지를 붙여 보세요. 추론 문제해결

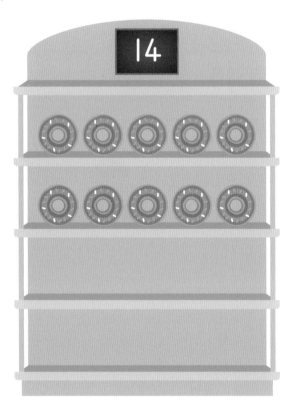

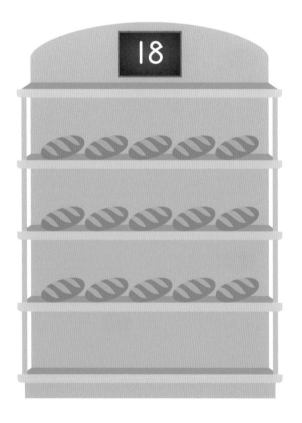

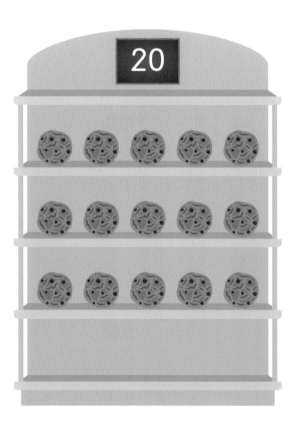

상자에는 곰 인형 10개가 들어 있어요. 곰 인형의 수를 세어 알맞게 선을 그어 보세요. 추론

거북이는 수를 순서대로 세어 소라를 하나씩 모으고, 게는 수를 거꾸로 세어 불가사리를 하나씩 떨어뜨렸어요. ☐ 안에 알맞은 수를 써넣어 보세요.
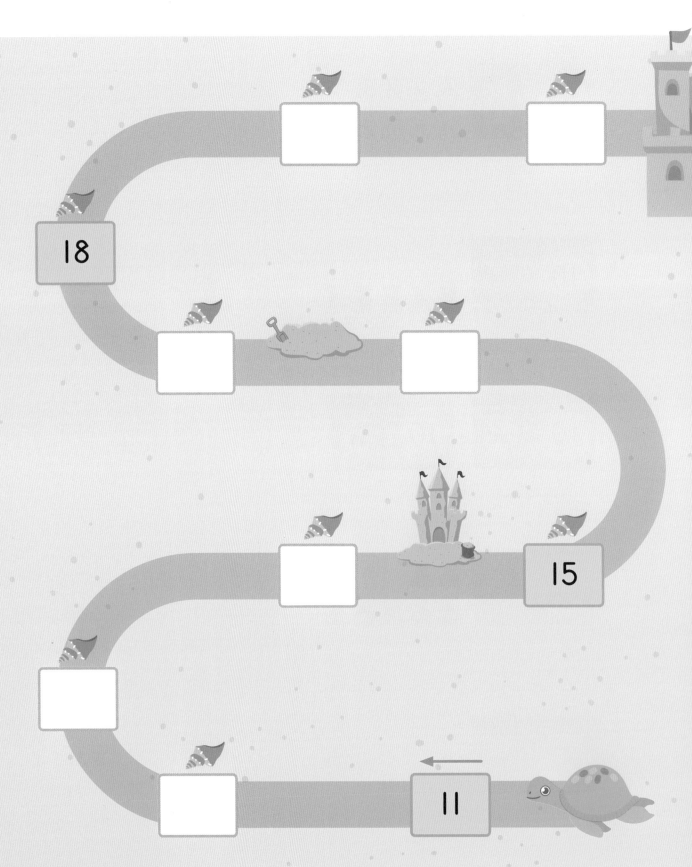

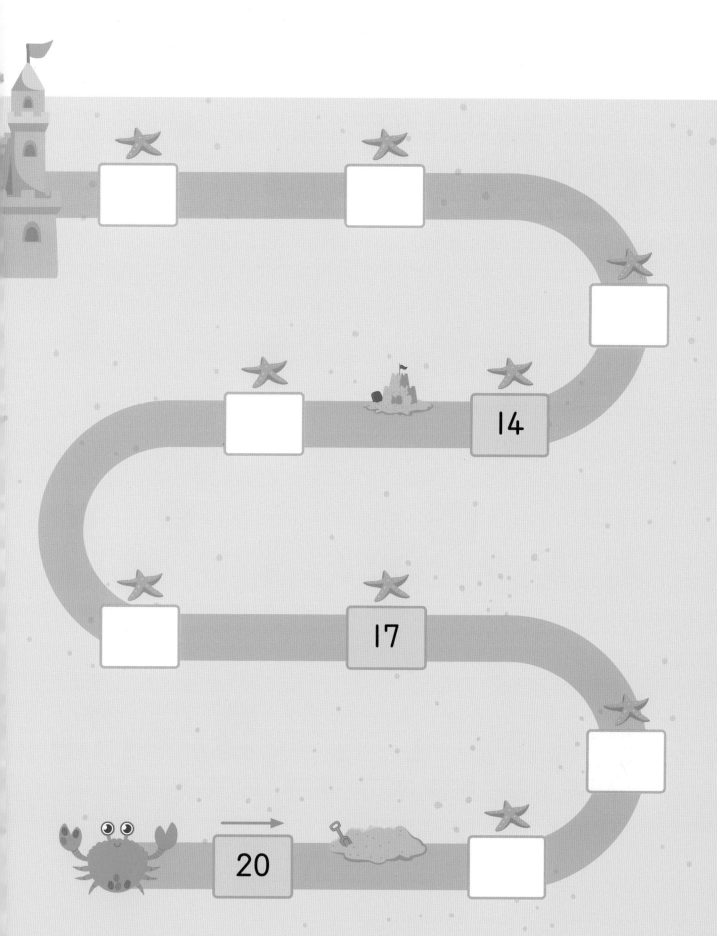

□○ △★ 동물들이 극장에 갔어요. 앉아 있는 의자의 번호를 ☐ 안에 써넣어 보세요. 추론

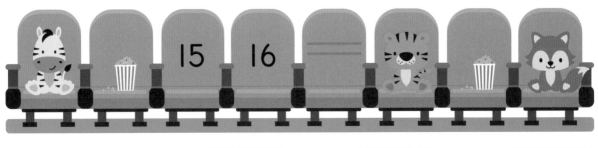

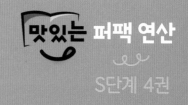

# 2 주차 더하기 1, 빼기 1

2주차에서는 1 큰 수와 1 작은 수를 이용하여 더하기 1과 빼기 1을 배웁니다. 더하기와 빼기의 개념을 이용하여 같은 수를 다르게 표현할 수 있습니다.

# 1 일차

# 1 큰 수, 1 작은 수

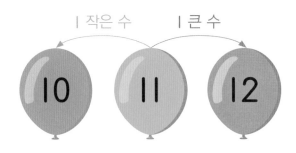

1 큰 수, 1 작은 수를 구해 보며 20까지 수의 배열을 충분히 연습해 보세요.

빈 곳에 알맞은 수를 써넣어 보세요.

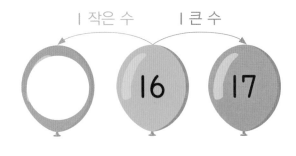

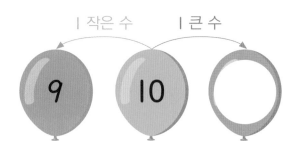

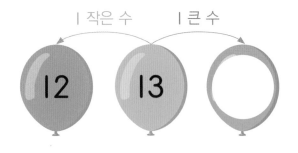

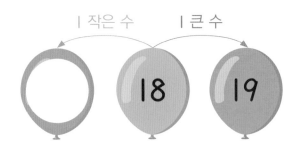

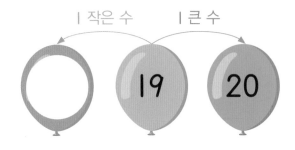

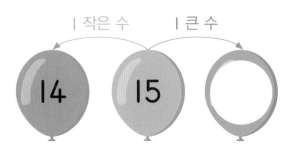

□ 안에 알맞은 수를 써넣어 보세요.

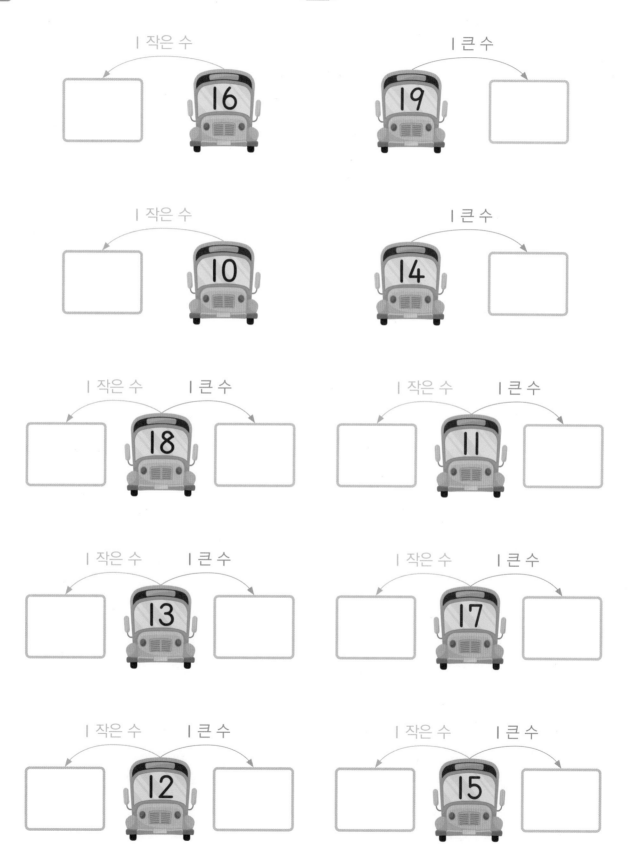

# 더하기 1, 빼기 1(1)

**원리** 1 큰 수는 더하기 1, 1 작은 수는 빼기 1로 나타낼 수 있어요.

+1
| 11 | 12 |

1 큰 수는 +1로 나타내요.

$$11 + 1 = 12$$

−1
| 11 | 12 |

1 작은 수는 −1로 나타내요.

$$12 - 1 = 11$$

□ 안에 알맞은 수를 써넣어 보세요.

+1
| 9 | 10 |

$$9 + 1 = 10$$

+1
| 11 | 12 |

$$\boxed{\phantom{0}} + \boxed{\phantom{0}} = \boxed{\phantom{0}}$$

−1
| 13 | 14 |

$$\boxed{\phantom{0}} - 1 = \boxed{\phantom{0}}$$

−1
| 16 | 17 |

$$\boxed{\phantom{0}} - \boxed{\phantom{0}} = \boxed{\phantom{0}}$$

+1
| 15 | 16 |

$$\boxed{\phantom{0}} + \boxed{\phantom{0}} = \boxed{\phantom{0}}$$

−1
| 19 | 20 |

$$\boxed{\phantom{0}} - \boxed{\phantom{0}} = \boxed{\phantom{0}}$$

□ 안에 알맞은 수를 써넣어 보세요.

$15 + 1 = $ 

$14 - 1 = $ 

$13 + 1 = $ 

$11 - 1 = $ 

$10 + 1 = $ 

$13 - 1 = $ 

$17 + 1 = $ 

$18 - 1 = $ 

$12 + 1 = $ 

$20 - 1 = $ 

$16 + 1 = $ 

$15 - 1 = $ 

$19 + 1 = $ 

$17 - 1 = $

# 3 일차 더하기 1, 빼기 1(2)

**원리** 같은 수를 다른 방법으로 표현할 수 있어요. ▶

$$14 \xrightarrow{\text{1 큰 수}} 15 \xleftarrow{\text{1 작은 수}} 16$$

15는 14보다 1 큰 수, 16보다 1 작은 수로 나타낼 수 있어요.

$$14 + 1 = 15 \qquad 16 - 1 = 15$$

더하기와 빼기로 나타낼 수도 있어요.

□ 안에 알맞은 수를 써넣어 보세요.

$$10 \xrightarrow{\text{1 큰 수}} 11 \xleftarrow{\text{1 작은 수}} 12$$

$$10 + 1 = 11$$
$$12 - 1 = 11$$

$$16 \xrightarrow{\text{1 큰 수}} 17 \xleftarrow{\text{1 작은 수}} 18$$

$$16 + 1 = \boxed{\phantom{0}}$$

$$18 - 1 = \boxed{\phantom{0}}$$

$$12 \xrightarrow{\text{1 큰 수}} 13 \xleftarrow{\text{1 작은 수}} 14$$

$$12 + 1 = \boxed{\phantom{0}}$$

$$14 - 1 = \boxed{\phantom{0}}$$

$$18 \xrightarrow{\text{1 큰 수}} 19 \xleftarrow{\text{1 작은 수}} 20$$

$$\boxed{\phantom{0}} + 1 = 19$$

$$\boxed{\phantom{0}} - 1 = 19$$

☐ 안에 알맞은 수를 써넣어 보세요.

14

$13 + 1 = 14$

$15 - 1 = 14$

15

$\boxed{\phantom{00}} + 1 = 15$

$\boxed{\phantom{00}} - 1 = 15$

18

$\boxed{\phantom{00}} + 1 = 18$

$\boxed{\phantom{00}} - 1 = 18$

11

$\boxed{\phantom{00}} + 1 = 11$

$\boxed{\phantom{00}} - 1 = 11$

10

$\boxed{\phantom{00}} + 1 = \boxed{\phantom{00}}$

$\boxed{\phantom{00}} - 1 = \boxed{\phantom{00}}$

16

$\boxed{\phantom{00}} + 1 = \boxed{\phantom{00}}$

$\boxed{\phantom{00}} - 1 = \boxed{\phantom{00}}$

# 퍼즐 연산(1)

일차

토끼는 호랑이를 만나면 1 큰 수를, 거북이를 만나면 1 작은 수를 말해요. 빈칸에 알맞은 수를 써넣어 보세요.

추론

코끼리의 수 카드는 포도를 지나면 1 큰 수가 되고, 사과를 지나면 1 작은 수가 돼요. ☐ 안에 알맞은 수를 써넣어 보세요.

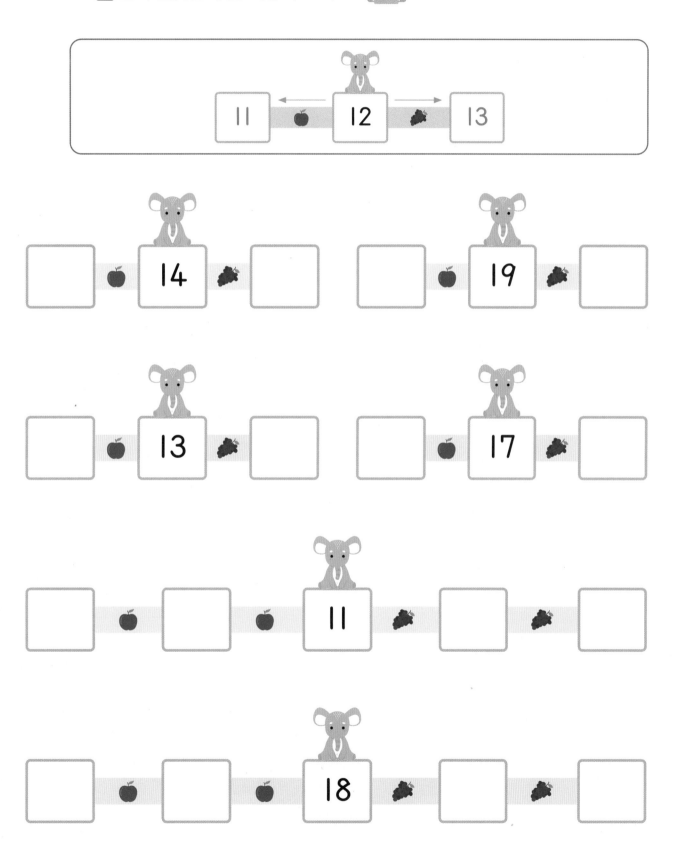

# 퍼즐 연산(2)

 여우가 1 큰 수를 따라 연못을 건너도록 빈 곳에 알맞은 수를 써넣어 보세요.

추론 창의·융합

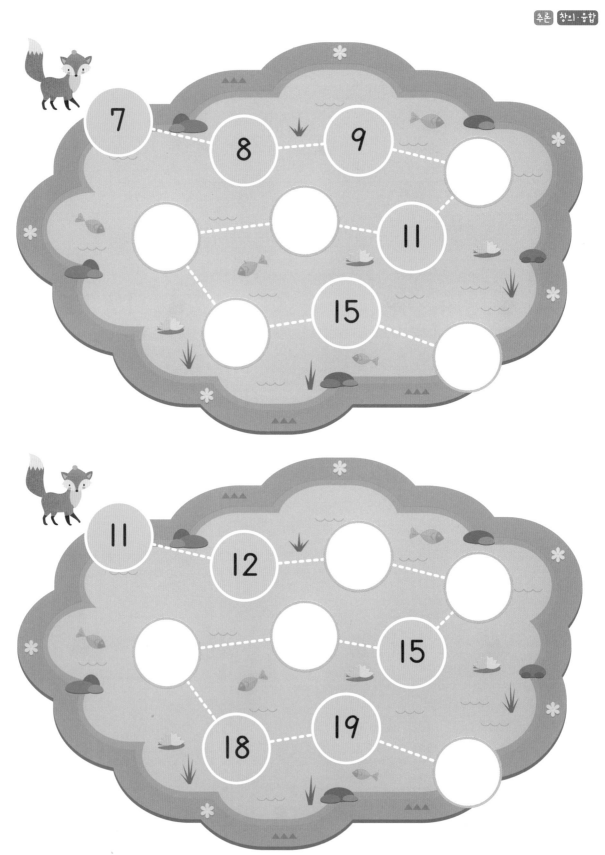

아기 돼지가 더하기 1, 빼기 1을 하여 집으로 가도록 길을 선으로 그어 보세요.

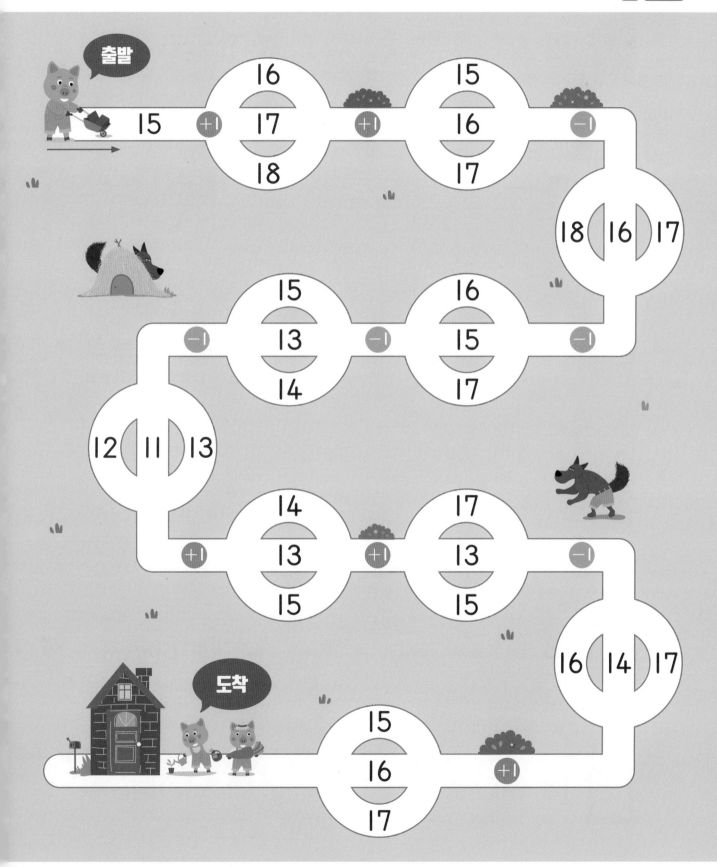

계산 결과가 같은 것끼리 선을 그어 보세요.  추론

 12 + 1 •          •  13보다 1 작은 수

 15 − 1 •      • 13보다 1 큰 수

 11 − 1 •          • 14보다 1 작은 수

 11 + 1 •          • 16보다 1 큰 수

 18 + 1 •          • 9보다 1 큰 수

 18 − 1 •          •  20보다 1 작은 수

동영상 강의

맛있는 퍼팩 연산
S단계 4권

# 3 주차 더하기 2, 빼기 2

3주차에서는 2 큰 수와 2 작은 수를 이용하여 더하기 2와 빼기 2를 배웁니다. 더하기와 빼기의 개념을 이용하여 같은 수를 다르게 표현할 수 있습니다.

# 2 큰 수, 2 작은 수

**원리** 12보다 2 큰 수는 14이고, 12보다 2 작은 수는 10이에요.

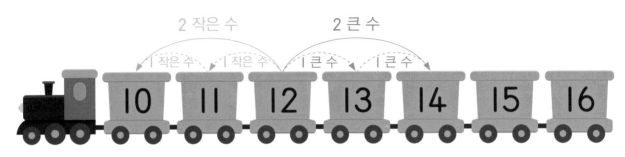

기차의 빈칸에 들어갈 알맞은 수를 □ 안에 써넣어 보세요.

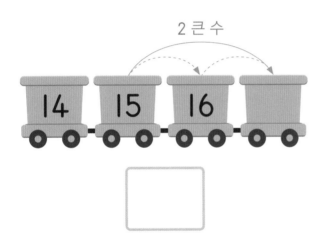

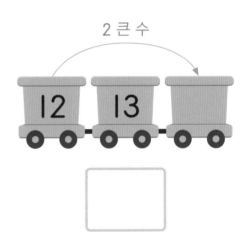

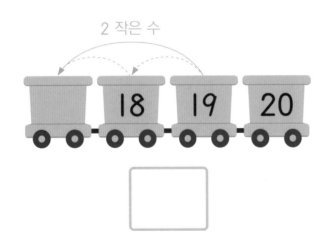

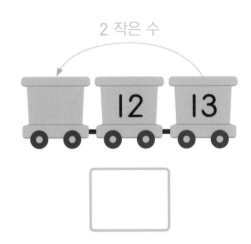

□ 안에 알맞은 수를 써넣어 보세요.

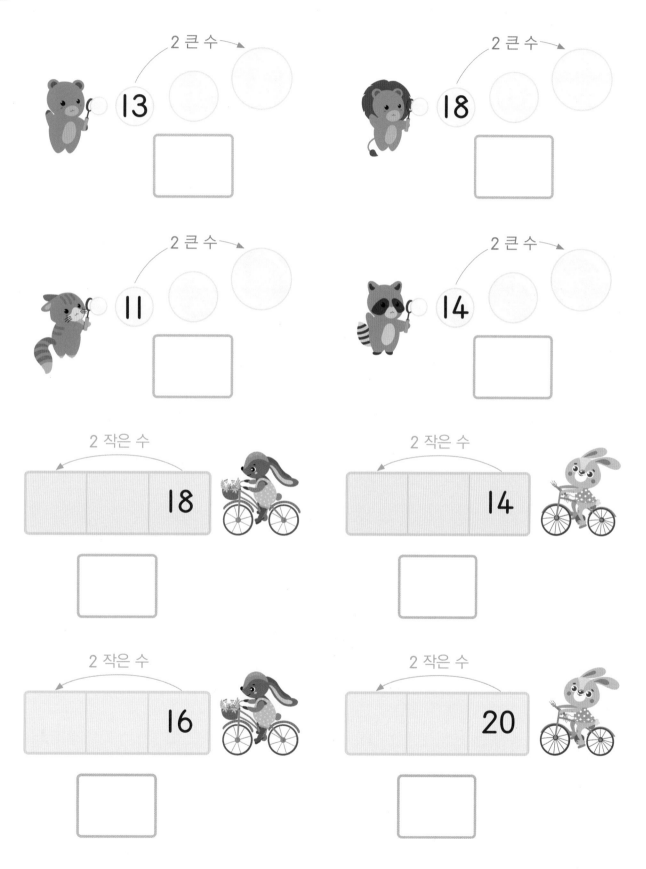

2 큰 수 → 13

2 큰 수 → 18

2 큰 수 → 11

2 큰 수 → 14

2 작은 수 ← 18

2 작은 수 ← 14

2 작은 수 ← 16

2 작은 수 ← 20

# 2 일차 더하기 2, 빼기 2(1)

**원리** 2 큰 수는 더하기 2, 2 작은 수는 빼기 2로 나타낼 수 있어요.

```
     ┌── +2 ──┐
  11    12    13
```
2 큰 수는 +2로 나타내요.

$$11 + 2 = 13$$

```
  ┌── −2 ──┐
  11    12    13
```
2 작은 수는 −2로 나타내요.

$$13 - 2 = 11$$

□ 안에 알맞은 수를 써넣어 보세요.

```
     ┌── +2 ──┐
   10        12

   10  +  2  =  12
```

```
  ┌──── +2 ────┐
  11          13

  □  +  □  =  □
```

```
  ┌──── −2 ────┐
  12          14

14 −  □  =  □
```

```
  ┌──── −2 ────┐
  14          16

  □  −  □  =  □
```

```
  ┌──── +2 ────┐
  13          15

  □  +  □  =  □
```

```
  ┌──── −2 ────┐
   9          11

  □  −  □  =  □
```

□ 안에 알맞은 수를 써넣어 보세요.

$10 + 2 = \boxed{\phantom{00}}$　　　　$18 - 2 = \boxed{\phantom{00}}$

$13 + 2 = \boxed{\phantom{00}}$　　　　$15 - 2 = \boxed{\phantom{00}}$

$17 + 2 = \boxed{\phantom{00}}$　　　　$20 - 2 = \boxed{\phantom{00}}$

$14 + 2 = \boxed{\phantom{00}}$　　　　$12 - 2 = \boxed{\phantom{00}}$

$18 + 2 = \boxed{\phantom{00}}$　　　　$14 - 2 = \boxed{\phantom{00}}$

$11 + 2 = \boxed{\phantom{00}}$　　　　$19 - 2 = \boxed{\phantom{00}}$

$12 + 2 = \boxed{\phantom{00}}$　　　　$16 - 2 = \boxed{\phantom{00}}$

# 3 일차 더하기 2, 빼기 2(2)

**원리** 같은 수를 다른 방법으로 표현할 수 있어요. ▶

$$12 \xrightarrow{\text{2 큰 수}} 14 \xleftarrow{\text{2 작은 수}} 16$$

14는 12보다 2 큰 수, 16보다 2 작은 수로 나타낼 수 있어요.

$$12 + 2 = 14 \qquad 16 - 2 = 14$$

더하기와 빼기로 나타낼 수도 있어요.

□ 안에 알맞은 수를 써넣어 보세요.

$$11 \xrightarrow{\text{2 큰 수}} 13 \xleftarrow{\text{2 작은 수}} 15$$

$$11 + 2 = 13$$
$$15 - 2 = 13$$

$$13 \xrightarrow{\text{2 큰 수}} 15 \xleftarrow{\text{2 작은 수}} 17$$

$$13 + 2 = \boxed{\phantom{00}}$$
$$17 - 2 = \boxed{\phantom{00}}$$

$$15 \xrightarrow{\text{2 큰 수}} 17 \xleftarrow{\text{2 작은 수}} 19$$

$$15 + 2 = \boxed{\phantom{00}}$$
$$19 - 2 = \boxed{\phantom{00}}$$

$$9 \xrightarrow{\text{2 큰 수}} 11 \xleftarrow{\text{2 작은 수}} 13$$

$$\boxed{\phantom{00}} + 2 = 11$$
$$\boxed{\phantom{00}} - 2 = 11$$

□ 안에 알맞은 수를 써넣어 보세요.

12

$10 + 2 = 12$

$14 - 2 = 12$

16

$\boxed{\phantom{00}} + 2 = 16$

$\boxed{\phantom{00}} - 2 = 16$

10

$\boxed{\phantom{00}} + 2 = 10$

$\boxed{\phantom{00}} - 2 = 10$

14

$\boxed{\phantom{00}} + 2 = 14$

$\boxed{\phantom{00}} - 2 = 14$

15

$\boxed{\phantom{00}} + 2 = \boxed{\phantom{00}}$

$\boxed{\phantom{00}} - 2 = \boxed{\phantom{00}}$

18

$\boxed{\phantom{00}} + 2 = \boxed{\phantom{00}}$

$\boxed{\phantom{00}} - 2 = \boxed{\phantom{00}}$

# 4 퍼즐 연산(1)

일차

 □ 안에 알맞은 수를 써넣어 보세요. 추론

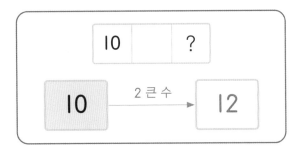

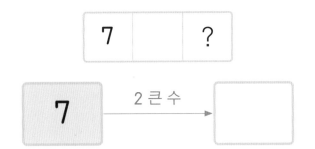

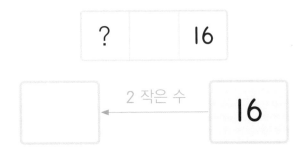

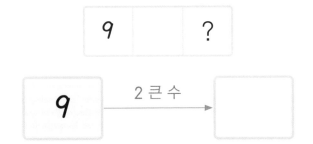

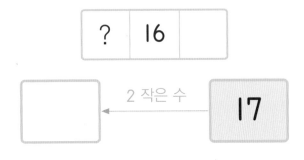

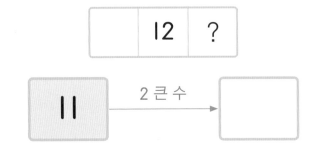

파란 튜브를 지나가면 2 큰 수가 되고, 노란 튜브를 지나가면 2 작은 수가 돼요.
□ 안에 알맞은 수를 써넣어 보세요.  추론

13 → ⬤ → 15    13 → ⬤ → 11

15 → ⬤ → ☐    12 → ⬤ → ☐

11 → ⬤ → ☐    18 → ⬤ → ☐

9 → ⬤ → ☐    19 → ⬤ → ☐

16 → ⬤ → ☐    17 → ⬤ → ☐

13 → ⬤ → ☐    18 → ⬤ → ☐

17 → ⬤ → ☐    10 → ⬤ → ☐

# 퍼즐 연산(2)

 계산 결과가 같은 것끼리 선을 그어 보세요. 추론

| 14보다 2 큰 수 • | • 7 + 2 |
| 17보다 2 작은 수 • | • 13 + 2 |
| 9보다 2 큰 수 • | • 18 − 2 |
| 11보다 2 작은 수 • | • 16 − 2 |
| 12보다 2 큰 수 • | • 13 − 2 |

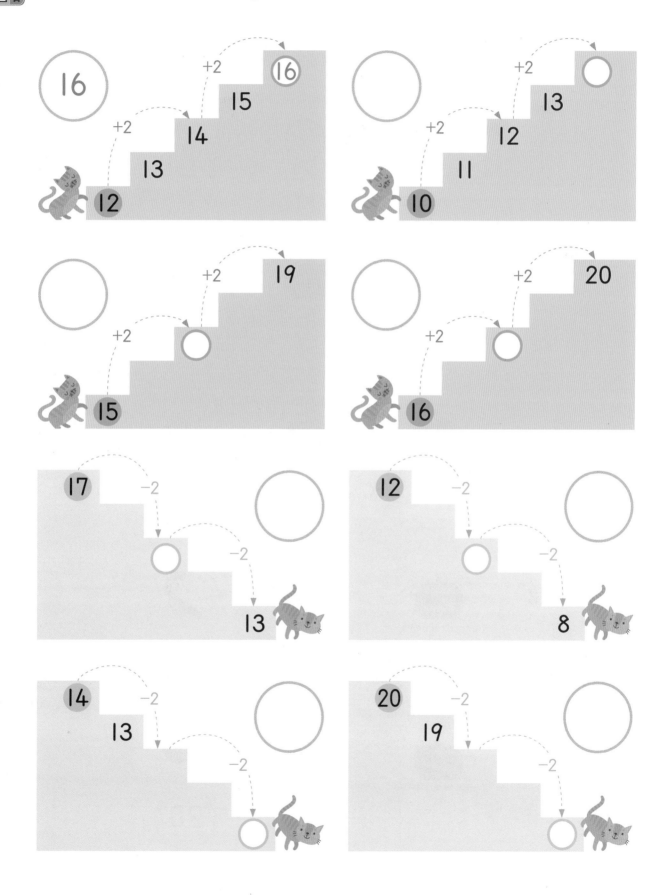

빈 곳에 들어갈 알맞은 수를 ◯ 안에 써넣어 보세요. 추론

16

+2 16
15
+2 14
13
12

+2 ◯
13
+2 12
11
10

◯

+2 19
+2 ◯
15

◯

+2 20
+2 ◯
16

17
−2 ◯
−2 13

◯

12
−2 ◯
−2 8

◯

14
13
−2
−2 ◯

◯

20
19
−2
−2 ◯

◯

더하기 2를 여러 번 하면서 사탕까지 가야 해요. ☐ 안에 알맞은 수를 써넣고, 사탕에 도착할 수 있는 그림에 ○ 해 보세요. 추론 문제해결

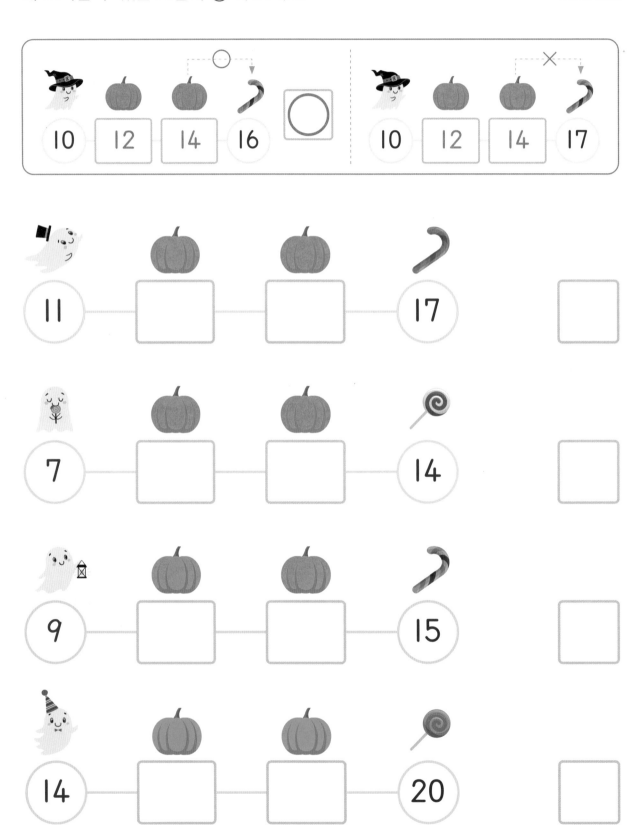

맛있는 퍼팩 연산
S단계 4권

# 4주차 더하기 3, 빼기 3

4주차에서는 3 큰 수와 3 작은 수를 이용하여 더하기 3과 빼기 3을 배웁니다. 더하기와 빼기의 개념을 이용하여 같은 수를 다르게 표현할 수 있습니다.

# 1 일차 3 큰 수, 3 작은 수

**원리** 16보다 3 큰 수는 19이고, 16보다 3 작은 수는 13이에요. ▶️

3 작은 수        3 큰 수

1 작은 수   1 작은 수   1 작은 수     1 큰 수   1 큰 수   1 큰 수

| 11 | 12 | 13 | 14 | 15 | 16 | 17 | 18 | 19 | 20 |
|----|----|----|----|----|----|----|----|----|----|

빈칸에 알맞은 수를 써넣어 보세요.

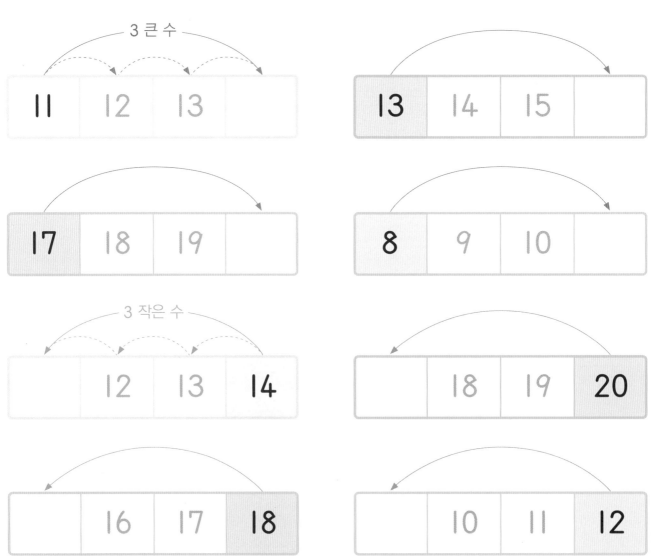

3 큰 수

| 11 | 12 | 13 | |
|----|----|----|--|

| 13 | 14 | 15 | |
|----|----|----|--|

| 17 | 18 | 19 | |
|----|----|----|--|

| 8 | 9 | 10 | |
|---|---|----|--|

3 작은 수

| | 12 | 13 | 14 |
|--|----|----|----|

| | 18 | 19 | 20 |
|--|----|----|----|

| | 16 | 17 | 18 |
|--|----|----|----|

| | 10 | 11 | 12 |
|--|----|----|----|

□ 안에 알맞은 수를 써넣어 보세요.

3 큰 수

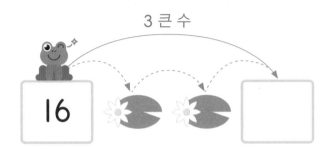

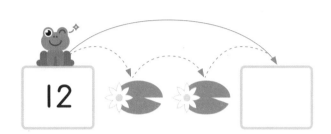

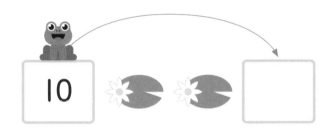

3 작은 수

# 2 일차 더하기 3, 빼기 3(1)

3 큰 수는 더하기 3, 3 작은 수는 빼기 3으로 나타낼 수 있어요.

$\fbox{12}\quad\fbox{13}\quad\fbox{14}\quad\fbox{15}$
(+3)

3 큰 수는 +3으로 나타내요.

$$12 + 3 = 15$$

$\fbox{14}\quad\fbox{15}\quad\fbox{16}\quad\fbox{17}$
(−3)

3 작은 수는 −3으로 나타내요.

$$17 - 3 = 14$$

□ 안에 알맞은 수를 써넣어 보세요.

$\fbox{14}\quad\fbox{17}$
(+3)

$$\boxed{14} + \boxed{3} = \boxed{17}$$

$\fbox{12}\quad\fbox{15}$
(+3)

$$\boxed{\phantom{0}} + \boxed{\phantom{0}} = \boxed{\phantom{0}}$$

$\fbox{13}\quad\fbox{16}$
(−3)

$$\boxed{\phantom{0}} - \boxed{\phantom{0}} = 13$$

$\fbox{9}\quad\fbox{12}$
(−3)

$$\boxed{\phantom{0}} - \boxed{\phantom{0}} = \boxed{\phantom{0}}$$

$\fbox{10}\quad\fbox{13}$
(+3)

$$\boxed{\phantom{0}} + \boxed{\phantom{0}} = \boxed{\phantom{0}}$$

$\fbox{17}\quad\fbox{20}$
(−3)

$$\boxed{\phantom{0}} - \boxed{\phantom{0}} = \boxed{\phantom{0}}$$

□ 안에 알맞은 수를 써넣어 보세요.

16 + 3 = ☐

19 − 3 = ☐

13 + 3 = ☐

15 − 3 = ☐

12 + 3 = ☐

13 − 3 = ☐

15 + 3 = ☐

17 − 3 = ☐

17 + 3 = ☐

18 − 3 = ☐

11 + 3 = ☐

14 − 3 = ☐

10 + 3 = ☐

10 − 3 = ☐

# 3 일차 더하기 3, 빼기 3(2)

**원리** 같은 수를 다른 방법으로 표현할 수 있어요. ▶

$$11 \xrightarrow{\text{3 큰 수}} 14 \xleftarrow{\text{3 작은 수}} 17$$

14는 11보다 3 큰 수, 17보다 3 작은 수로 나타낼 수 있어요.

$$11 + 3 = 14 \qquad 17 - 3 = 14$$

더하기와 빼기로 나타낼 수도 있어요.

□ 안에 알맞은 수를 써넣어 보세요.

$$10 \xrightarrow{\text{3 큰 수}} 13 \xleftarrow{\text{3 작은 수}} 16$$

$$10 + 3 = 13$$
$$16 - 3 = 13$$

$$14 \xrightarrow{\text{3 큰 수}} 17 \xleftarrow{\text{3 작은 수}} 20$$

$$14 + 3 = \boxed{\phantom{00}}$$

$$20 - 3 = \boxed{\phantom{00}}$$

$$12 \xrightarrow{\text{3 큰 수}} 15 \xleftarrow{\text{3 작은 수}} 18$$

$$12 + 3 = \boxed{\phantom{00}}$$

$$18 - 3 = \boxed{\phantom{00}}$$

$$8 \xrightarrow{\text{3 큰 수}} 11 \xleftarrow{\text{3 작은 수}} 14$$

$$\boxed{\phantom{00}} + 3 = 11$$

$$\boxed{\phantom{00}} - 3 = 11$$

□ 안에 알맞은 수를 써넣어 보세요.

16

$13 + 3 = 16$

$19 - 3 = 16$

12

$\boxed{\phantom{00}} + 3 = 12$

$\boxed{\phantom{00}} - 3 = 12$

10

$\boxed{\phantom{00}} + 3 = 10$

$\boxed{\phantom{00}} - 3 = 10$

17

$\boxed{\phantom{00}} + 3 = 17$

$\boxed{\phantom{00}} - 3 = 17$

15

$12 + \boxed{\phantom{00}} = \boxed{\phantom{00}}$

$18 - \boxed{\phantom{00}} = \boxed{\phantom{00}}$

13

$10 + \boxed{\phantom{00}} = \boxed{\phantom{00}}$

$16 - \boxed{\phantom{00}} = \boxed{\phantom{00}}$

# 4 일차 퍼즐 연산(1)

 ? 에 들어갈 수를 구하고 ☐ 안에 작은 수부터 순서대로 써넣어 보세요.

추론

---

? ← −3 — 18

12 — +2 → ?

13 — +3 → ?

| 14 | 15 | 16 |

---

18 − 3 = ?

10 — +3 → ?

10 — +2 → ◯ — +2 → ?

| | | |

---

10 — +3 → ◯ — +3 → ?

? ← −3 — 20

11 − 3 = ?

| | | |

---

20 − 3 = ?

16 — +3 → ?

? ← −2 — 20

| | | |

---

? ← −3 — ◯ ← −3 — 19

17 + 3 = ?

13 — +2 → ?

| | | |

---

15 − 3 = ?

11 — +3 → ?

? ← −2 — 11

| | | |

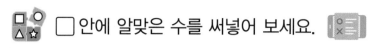

안에 알맞은 수를 써넣어 보세요.

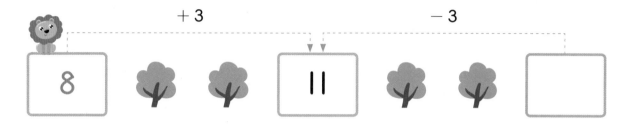

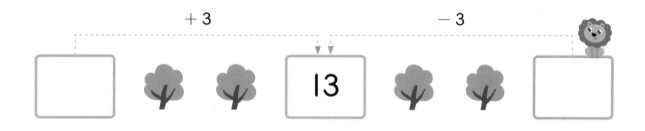

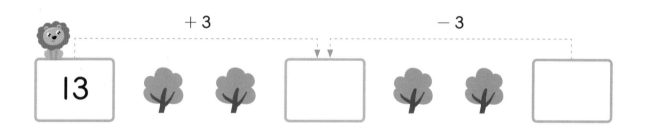

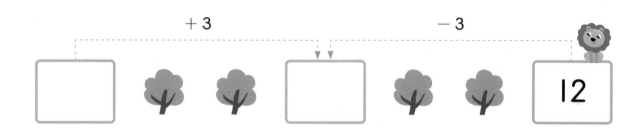

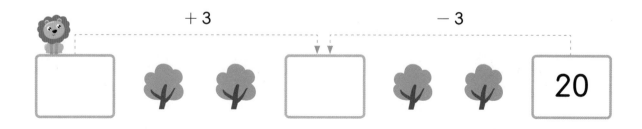

# 5 일차 퍼즐 연산(2)

 계산 결과가 같은 동물끼리 선으로 그어 보세요.    추론

| 20 − 3 •  | • 11보다 2 큰 수 |
| 16 + 3 •  | • 19보다 3 작은 수 |
| 10 + 3 •  | • 14보다 3 큰 수 |
| 12 − 3 •  | • 20보다 1 작은 수 |
| 13 + 3 •  | • 11보다 2 작은 수 |

빈칸에 알맞은 기호 붙임딱지를 붙여 보세요.

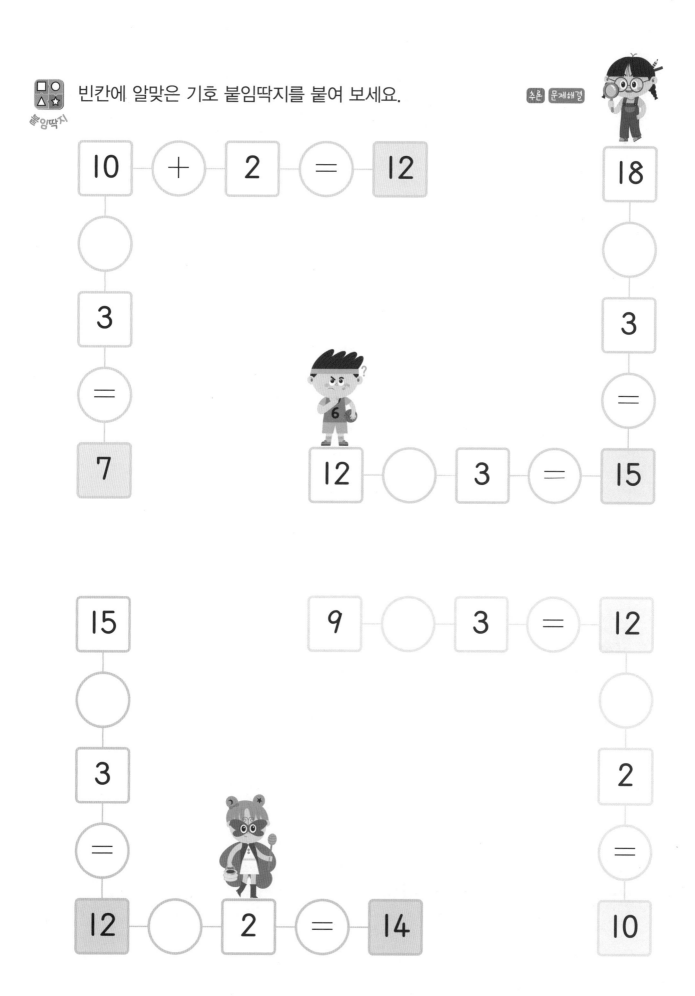

10 ＋ 2 ＝ 12

○

3

＝

7

12 ○ 3 ＝ 15

18

○

3

＝

15

15

○

3

＝

12 ○ 2 ＝ 14

9 ○ 3 ＝ 12

○

2

＝

10

계산 결과가 더 큰 길을 따라 선을 그어 보세요.

→

9 + 2

10 + 2

7 + 3

8 + 3

도착

19 − 2

18 − 3

15 + 3

20 − 1

→

17 + 2

15 + 3

6 + 2

8 − 3

도착

17 − 3

13 + 2

12 + 2

16 − 3

14 − 2

14 − 3

12 + 3

15 − 2

13 + 3

14 + 3

17 − 1

19 − 1

10 − 2

8 − 2

7 + 1

9 + 1

9 + 3

9 − 2

13 − 3

10 + 1

□○ 수의 주변에 있는 모양과 색에 따라 나타내는 수가 달라져요. 설명을 읽고, 그림이
△☆ 나타내는 수를 □ 안에 써넣어 보세요. 추론 문제해결

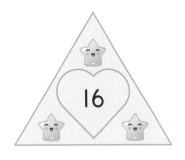

→ 16에서 2를 세 번 뺀 수 ⇒ 10

(1) 배경이 파란색이면 수를 더하고,
    빨간색이면 빼요.

(2) 수가 ○ 안에 있으면 1만큼,
    ♡ 안에 있으면 2만큼,
    ✚ 안에 있으면 3만큼 더하거나 빼요.

(3) ⭐ 개수만큼 여러 번 더하거나 빼요.

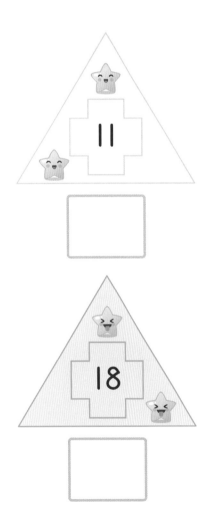

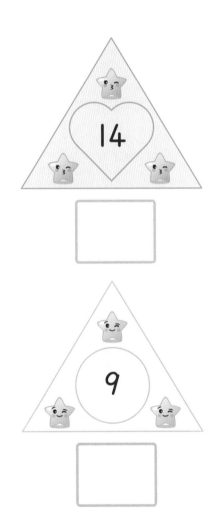

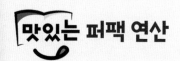
맛있는 퍼팩 연산

**S4**
---------------
S단계 4권

한 주 동안 배운 내용 한 번 더 연습!

# 집중!
# 드릴 연산

모양의 수를 세어 알맞은 것에 ◯ 해 보세요.

◯◯◯◯◯◯
◯◯◯◯◯◯

| 12 | 13 | 14 |

| 17 | 18 | 19 |

| 16 | 18 | 20 |

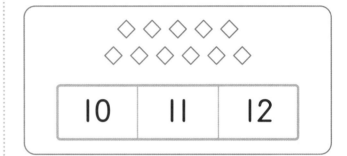

| 10 | 11 | 12 |

△△△△△△△△
△△△△△△△

| 16 | 17 | 18 |

| 열여덟 | 열아홉 |

●●●●●●
●●●●●●

| 십일 | 십이 |

| 열넷 | 십오 |

| 열아홉 | 이십 |

| 십사 | 열일곱 |

수의 순서를 바르게 하여 ☐ 안에 써넣어 보세요.    ☐ 안에 알맞은 수를 써넣어 보세요.

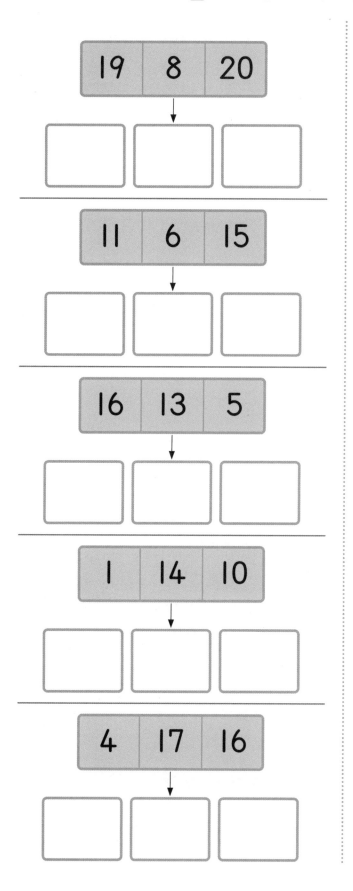

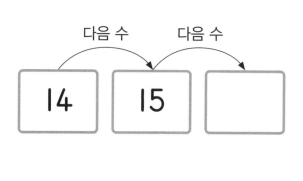

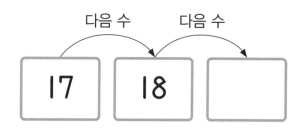

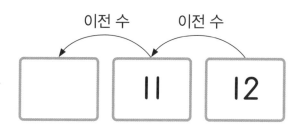

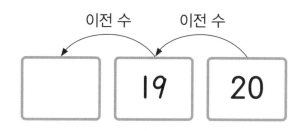

□ 안에 알맞은 수를 써넣어 보세요.

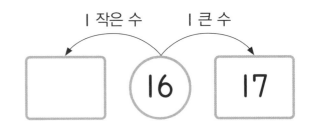

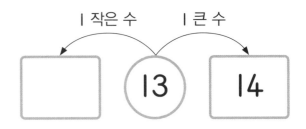

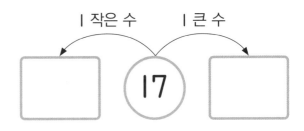

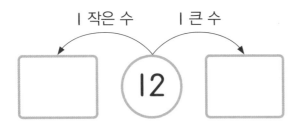

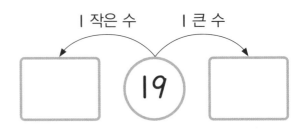

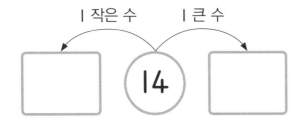

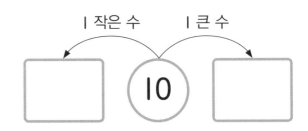

□ 안에 알맞은 수를 써넣어 보세요.

+1 ⌐⌐→
13      14

□ + 1 = □

+1 ⌐⌐→
10      11

□ + 1 = □

+1 ⌐⌐→
17      18

□ + □ = □

−1 ⌐←⌐
15      16

□ − 1 = □

−1 ⌐←⌐
11      12

□ − □ = □

9 $\xrightarrow{\text{1 큰 수}}$ 10 $\xleftarrow{\text{1 작은 수}}$ 11

□ + 1 = 10

□ − 1 = 10

15 $\xrightarrow{\text{1 큰 수}}$ 16 $\xleftarrow{\text{1 작은 수}}$ 17

□ + □ = 16

□ − □ = 16

18 $\xrightarrow{\text{1 큰 수}}$ 19 $\xleftarrow{\text{1 작은 수}}$ 20

□ + □ = 19

□ − □ = 19

빈 곳에 들어갈 알맞은 수를 ☐ 안에 써넣어 보세요.

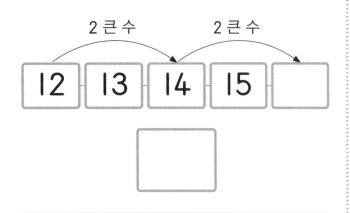

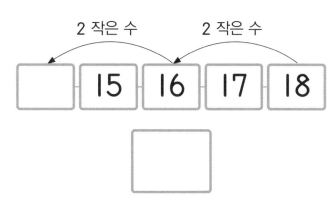

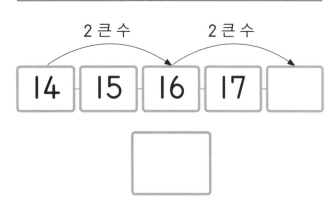

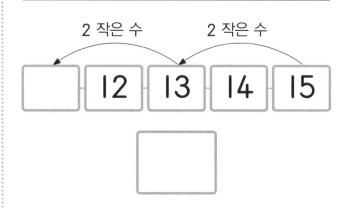

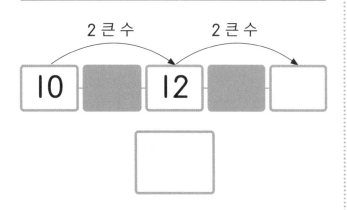

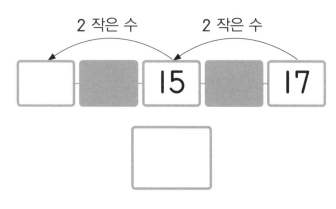

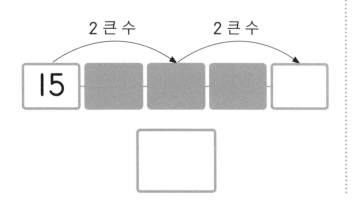

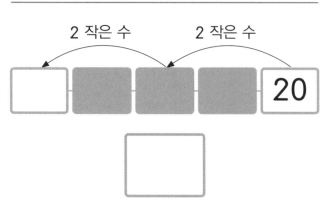

□ 안에 알맞은 수를 써넣어 보세요.

12 —(+2)→ 14

□ + 2 = □

15 —(+2)→ 17

□ + 2 = □

18 —(+2)→ 20

□ + □ = □

11 ←(−2)— 13

□ − 2 = □

17 ←(−2)— 19

□ − □ = □

9 —(2 큰 수)→ 11 ←(2 작은 수)— 13

□ + 2 = 11

□ − 2 = 11

16 —(2 큰 수)→ 18 ←(2 작은 수)— 20

□ + □ = 18

□ − □ = 18

13 —(2 큰 수)→ 15 ←(2 작은 수)— 17

□ + □ = 15

□ − □ = 15

# 더하기 3, 빼기 3

□안에 알맞은 수를 써넣어 보세요.

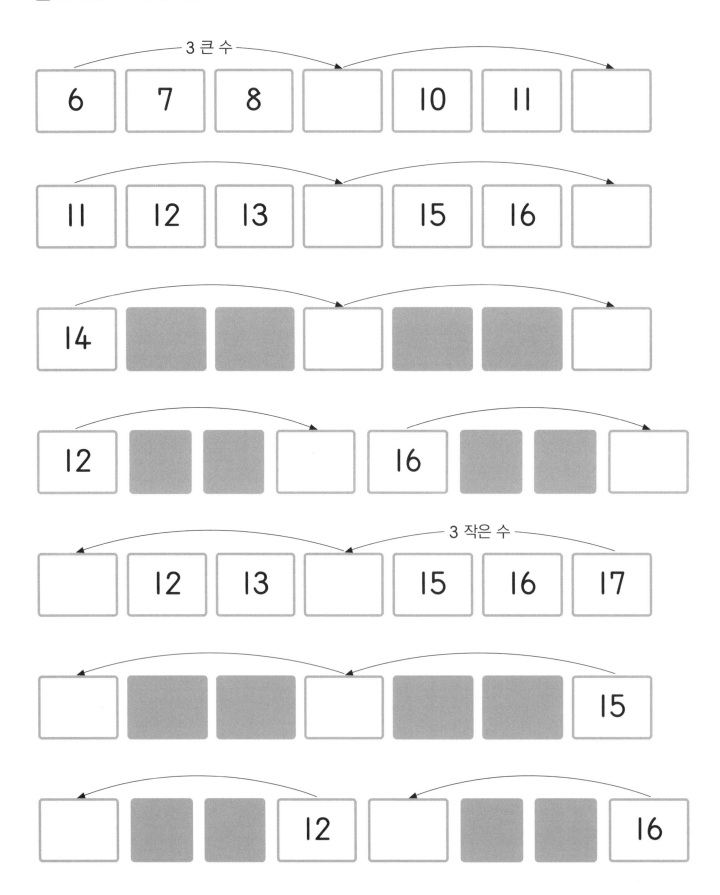

□ 안에 알맞은 수를 써넣어 보세요.

```
       +3
  ┌─────────┐
  ↓         ↓
┌────┐    ┌────┐
│ 11 │    │ 14 │
└────┘    └────┘

┌────┐        ┌────┐
│    │ + 3 =  │    │
└────┘        └────┘
```

```
       +3
  ┌─────────┐
  ↓         ↓
┌────┐    ┌────┐
│ 15 │    │ 18 │
└────┘    └────┘

┌────┐        ┌────┐
│    │ + 3 =  │    │
└────┘        └────┘
```

```
       +3
  ┌─────────┐
  ↓         ↓
┌────┐    ┌────┐
│ 16 │    │ 19 │
└────┘    └────┘

┌────┐     ┌────┐     ┌────┐
│    │ +   │    │  =  │    │
└────┘     └────┘     └────┘
```

```
       −3
  ┌─────────┐
  ↓         ↓
┌────┐    ┌────┐
│ 12 │    │ 15 │
└────┘    └────┘

┌────┐        ┌────┐
│    │ − 3 =  │    │
└────┘        └────┘
```

```
       −3
  ┌─────────┐
  ↓         ↓
┌────┐    ┌────┐
│ 17 │    │ 20 │
└────┘    └────┘

┌────┐     ┌────┐     ┌────┐
│    │ −   │    │  =  │    │
└────┘     └────┘     └────┘
```

```
  (8)  ─3 큰 수→  [11]  ←3 작은 수─  (14)

  ┌────┐
  │    │ + 3 = 11
  └────┘

  ┌────┐
  │    │ − 3 = 11
  └────┘
```

```
  (12)  ─3 큰 수→  [15]  ←3 작은 수─  (18)

  ┌────┐     ┌────┐
  │    │ +   │    │ = 15
  └────┘     └────┘

  ┌────┐     ┌────┐
  │    │ −   │    │ = 15
  └────┘     └────┘
```

```
  (10)  ─3 큰 수→  [13]  ←3 작은 수─  (16)

  ┌────┐     ┌────┐
  │    │ +   │    │ = 13
  └────┘     └────┘

  ┌────┐     ┌────┐
  │    │ −   │    │ = 13
  └────┘     └────┘
```

memo

맛있는 퍼팩 연산 | 원리와 사고력이 가득한 퍼즐 팩토리

정답

# 정답

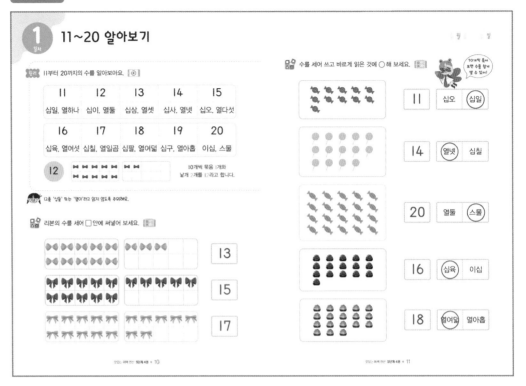

## 2일차 11~20까지 수의 순서

11부터 20까지 수의 순서를 알아보아요.

| 11 | 12 | 13 | 14 | 15 | 16 | 17 | 18 | 19 | 20 |
|----|----|----|----|----|----|----|----|----|----|
| 십일 | 십이 | 십삼 | 십사 | 십오 | 십육 | 십칠 | 십팔 | 십구 | 이십 |

20까지의 수 배열표를 보고, 수의 순서에 맞게 빈칸에 알맞은 수를 써넣어 보세요.

| 1 | 2 | 3 | 4 | 5 | 6 | 7 | 8 | 9 | 10 |
|---|---|---|---|---|---|---|---|---|----|
| 11 | 12 | 13 | 14 | 15 | 16 | 17 | 18 | 19 | 20 |

| 7 | | 9 | | 11 | | | 14 |
|---|---|---|---|----|---|---|----|

| 10 | | 13 | 15 | | 17 |
|----|---|----|----|---|----|

| 12 | | 14 | | 17 | | 19 |
|----|---|----|---|----|---|----|

수의 순서를 바르게 하여 □안에 써넣어 보세요.

| 15 | 6 | 11 | → | 6 | 11 | 15 |
|----|---|----|---|---|----|----|

| 14 | 18 | 9 | → | 9 | 14 | 18 |
|----|----|---|---|---|----|----|

| 5 | 10 | 8 | → | 5 | 8 | 10 |
|---|----|---|---|---|---|----|

| 7 | 16 | 11 | → | 7 | 11 | 16 |
|---|----|----|---|---|----|----|

| 17 | 13 | 10 | → | 10 | 13 | 17 |
|----|----|----|---|----|----|----|

| 12 | 10 | 14 | → | 10 | 12 | 14 |
|----|----|----|---|----|----|----|

| 20 | 17 | 13 | → | 13 | 17 | 20 |
|----|----|----|---|----|----|----|

### 3 일차 다음 수, 이전 수, 사이의 수

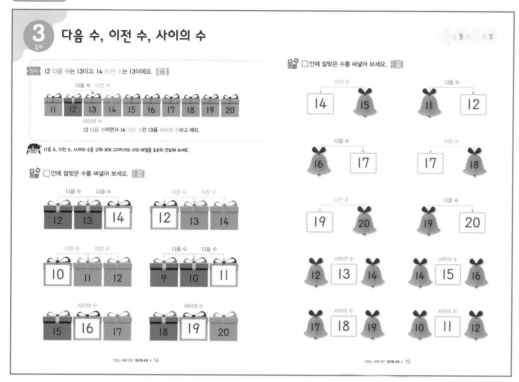

### 4 일차 퍼즐 연산(1)

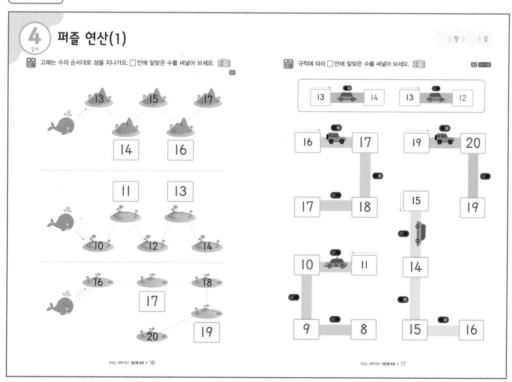

# 정답

1 주차 P. 18~19

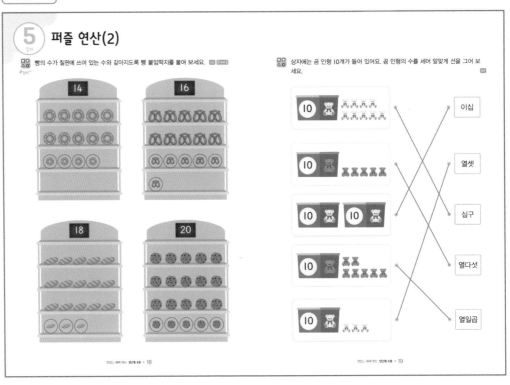

⑤ 퍼즐 연산(2)

1 주차 P. 20~21

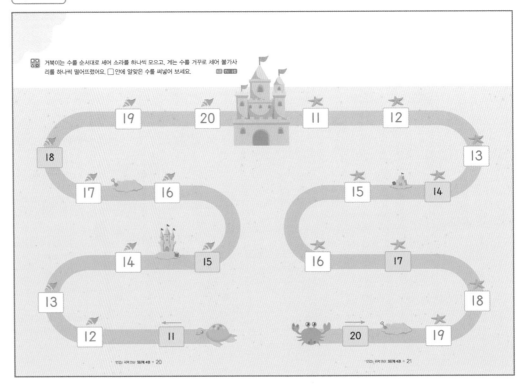

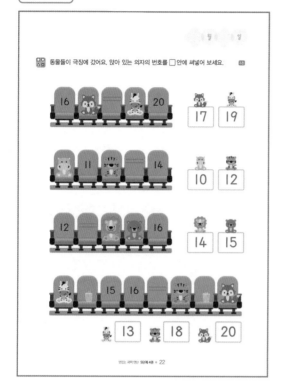

# 정답

**2주차** P. 24~25

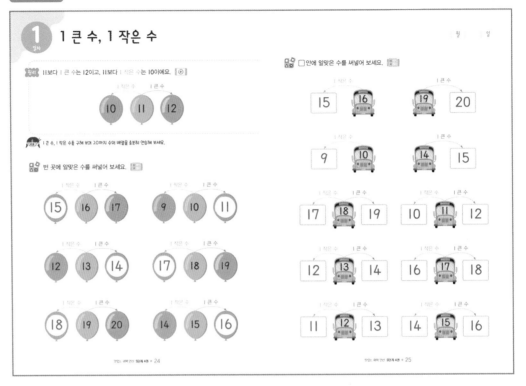

**2주차** P. 26~27

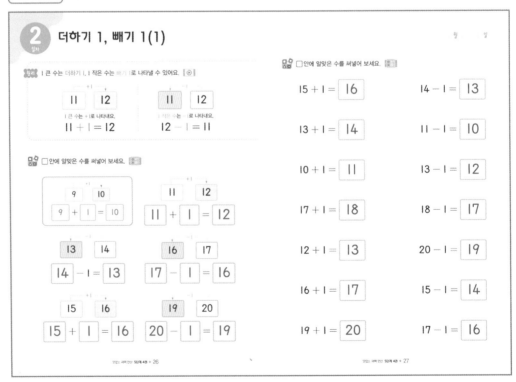

## 3 더하기 1, 빼기 1(2)

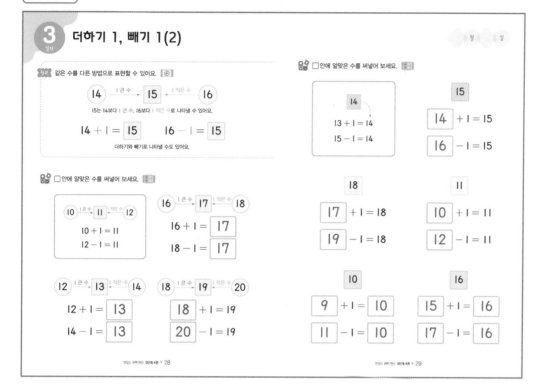

## 4 퍼즐 연산(1)

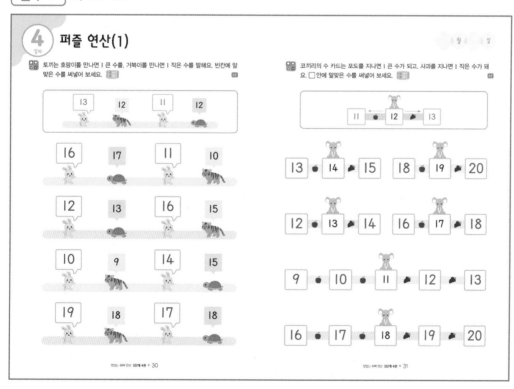

# 정답

## ⑤ 퍼즐 연산(2)

여우가 1 큰 수를 따라 연못을 건너도록 빈 곳에 알맞은 수를 써넣어 보세요.

아기 돼지가 더하기 1, 빼기 1을 하여 집으로 가도록 길을 선으로 그어 보세요.

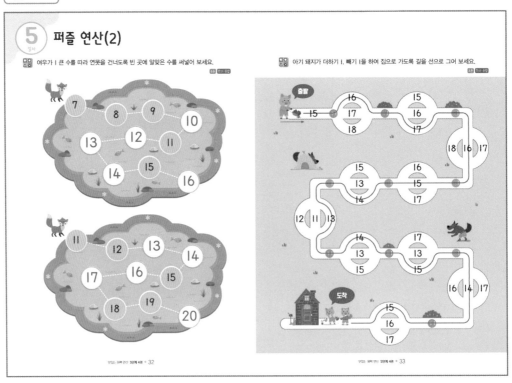

계산 결과가 같은 것끼리 선을 그어 보세요.

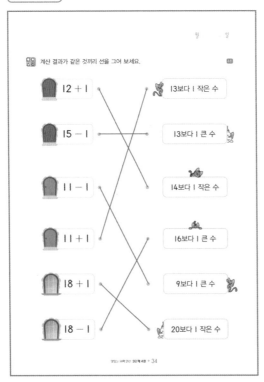

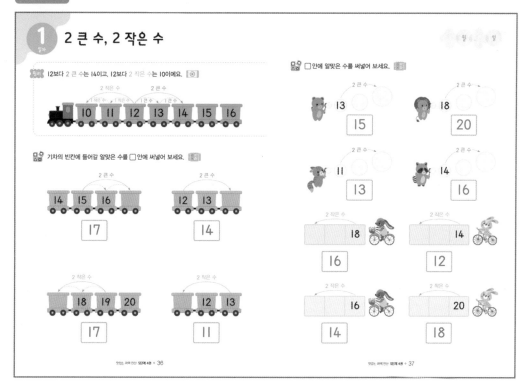

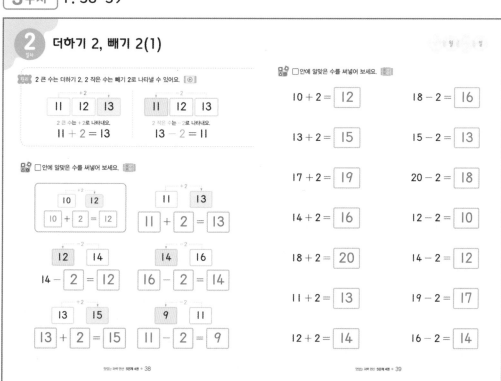

정답

3주차 P. 40~41

## 3 더하기 2, 빼기 2(2)

같은 수를 다른 방법으로 표현할 수 있어요.

12 —2 큰 수→ 14 —2 작은 수→ 16

14는 12보다 2 큰 수, 16보다 2 작은 수로 나타낼 수 있어요.

$$12 + 2 = 14 \qquad 16 - 2 = 14$$

더하기와 빼기로 나타낼 수도 있어요.

□ 안에 알맞은 수를 써넣어 보세요.

11 —2 큰 수→ 13 —2 작은 수→ 15
$$11 + 2 = 13$$
$$15 - 2 = 13$$

13 —2 큰 수→ 15 —2 작은 수→ 17
$$13 + 2 = 15$$
$$17 - 2 = 15$$

15 —2 큰 수→ 17 —2 작은 수→ 19
$$15 + 2 = 17$$
$$19 - 2 = 17$$

9 —2 큰 수→ 11 —2 작은 수→ 13
$$9 + 2 = 11$$
$$13 - 2 = 11$$

□ 안에 알맞은 수를 써넣어 보세요.

12 → 10 + 2 = 12 / 14 - 2 = 12

16 : 14 + 2 = 16 / 18 - 2 = 16

10 : 8 + 2 = 10 / 12 - 2 = 10
14 : 12 + 2 = 14 / 16 - 2 = 14

15 : 13 + 2 = 15 / 17 - 2 = 15
18 : 16 + 2 = 18 / 20 - 2 = 18

맛있는 퍼팩 연산 S단계 4권 ◆ 40

맛있는 퍼팩 연산 S단계 4권 ◆ 41

3주차 P. 42~43

## 4 퍼즐 연산(1)

□ 안에 알맞은 수를 써넣어 보세요.

10 ? → 10 —2 큰 수→ 12
7 ? → 7 —2 큰 수→ 9

? 16 → 14 —2 작은 수→ 16
9 ? → 9 —2 큰 수→ 11

? 19 → 18 —2 작은 수→ 20
15 ? → 14 —2 큰 수→ 16

? 16 → 15 —2 작은 수→ 17
12 ? → 11 —2 큰 수→ 13

파란 튜브를 지나가면 2 큰 수가 되고, 노란 튜브를 지나가면 2 작은 수가 돼요.
□ 안에 알맞은 수를 써넣어 보세요.

13 -O- 15    13 -O- 11
15 -O- 17    12 -O- 10
11 -O- 9     18 -O- 20
9 -O- 11     19 -O- 17
16 -O- 14    17 -O- 19
13 -O- 15    18 -O- 16
17 -O- 15    10 -O- 12

맛있는 퍼팩 연산 S단계 4권 ◆ 42

맛있는 퍼팩 연산 S단계 4권 ◆ 43

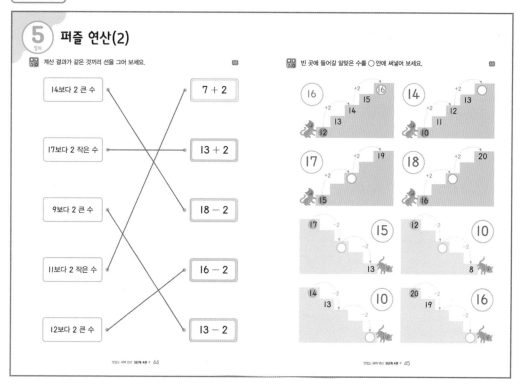

**4주차** P. 48~49

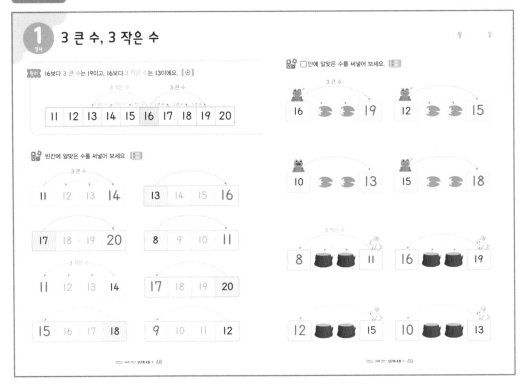

**1** 일차  3 큰 수, 3 작은 수

원리 16보다 3 큰 수는 19이고, 16보다 3 작은 수는 13이에요.

**4주차** P. 50~51

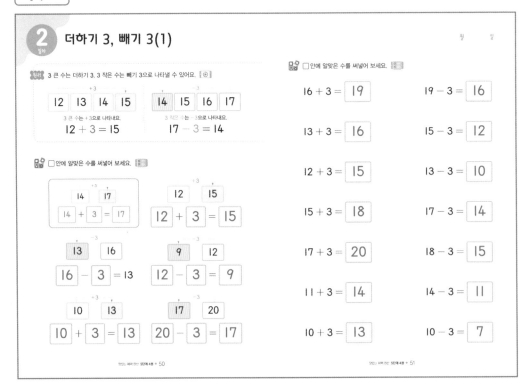

**2** 일차  더하기 3, 빼기 3(1)

원리 3 큰 수는 더하기 3, 3 작은 수는 빼기 3으로 나타낼 수 있어요.

□ 안에 알맞은 수를 써넣어 보세요.

$16 + 3 = 19$     $19 - 3 = 16$

$13 + 3 = 16$     $15 - 3 = 12$

$12 + 3 = 15$     $13 - 3 = 10$

$15 + 3 = 18$     $17 - 3 = 14$

$17 + 3 = 20$     $18 - 3 = 15$

$11 + 3 = 14$     $14 - 3 = 11$

$10 + 3 = 13$     $10 - 3 = 7$

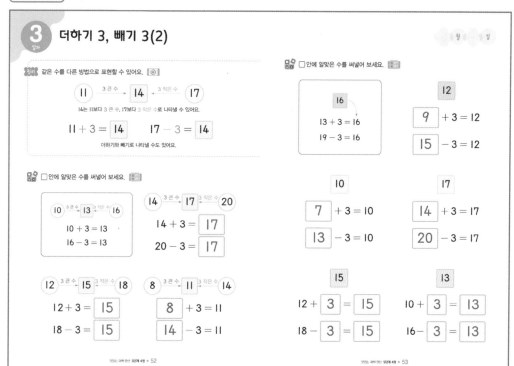

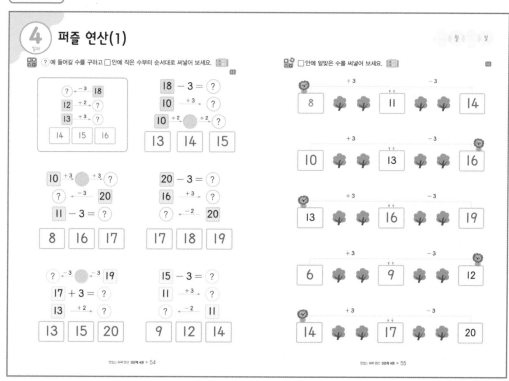

# 정답

**4주차** P. 56~57

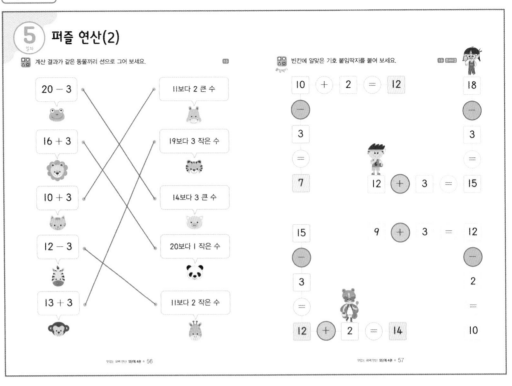

**4주차** P. 58~59

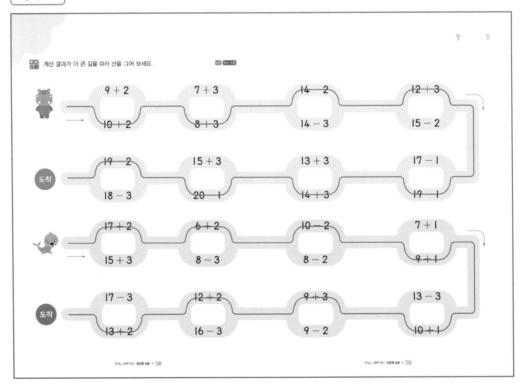

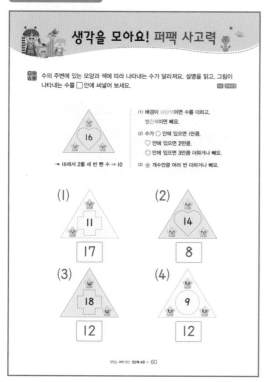

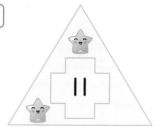

(1) 11에 3을 두 번 더한 수이므로

$$11 \xrightarrow{+3} 14 \xrightarrow{+3} 17$$

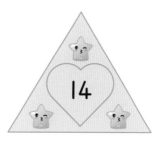

(2) 14에서 2를 세 번 뺀 수이므로

$$14 \xrightarrow{-2} 12 \xrightarrow{-2} 10 \xrightarrow{-2} 8$$

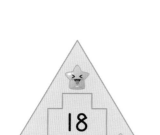

(3) 18에서 3을 두 번 뺀 수이므로

$$18 \xrightarrow{-3} 15 \xrightarrow{-3} 12$$

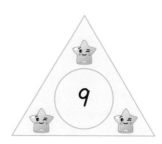

(4) 9에 1을 세 번 더한 수이므로

$$9 \xrightarrow{+1} 10 \xrightarrow{+1} 11 \xrightarrow{+1} 12$$

# ◆ 집중! 드릴 연산

**1주차** P. 62~63

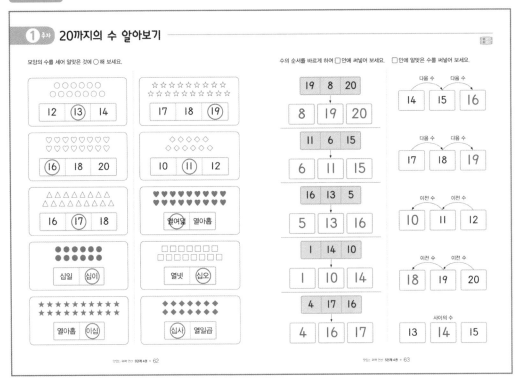

**2주차** P. 64~65

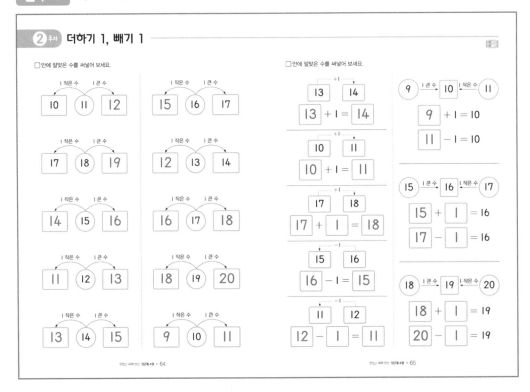

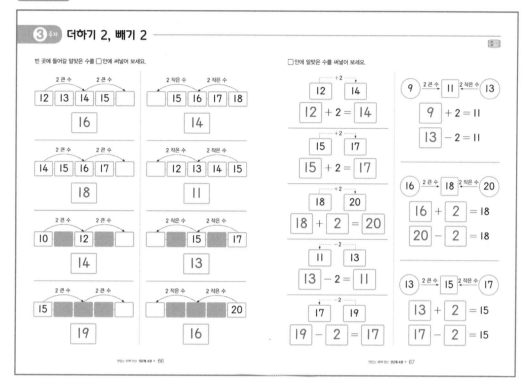

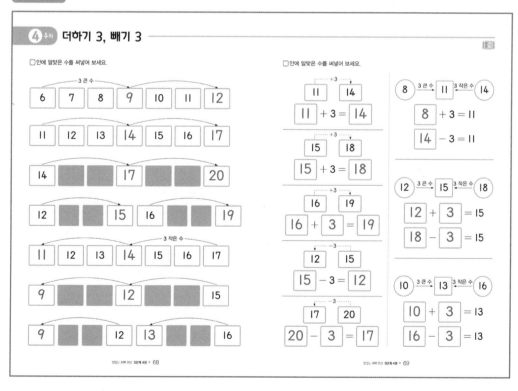

memo